1 はじめに

　本書は相対性理論の入門書である。ただの入門書ではなく、入門書の入門書である。どういうことかと言うと、相対性理論の入門書を読むために必要な知識を得るための入門書である。といっても、物理学全般を解説するものではない。特に必要な概念として、座標変換について説明することを主眼に置いている。その後、相対性理論、特に特殊相対性理論について説明をしていく。

2 相対性理論とは何か

　まず初めに、相対性理論を一言でいうなら何か、ということから始めることにしよう。読者諸氏は、相対性理論と聞いて何を思い浮かべるであろうか。天才物理学者アインシュタインが作った理論、時間と空間の概念を変革した理論、宇宙船の中の時間がゆっくり流れることを示した理論、質量とエネルギーの関係を示した $E = mc^2$ を導いた理論、等々。色々と思い浮かべることはあるだろう。しかし、これらは相対性理論の中の一部である。相対性理論の全体を一言でいうとしたら何なのかと聞かれたら、それにはどう答えるだろうか。ここでは次のように言うことにしよう。すなわち、

　　　相対性理論とは、物理法則を表わす数式が座標変換によって変わらないこと
　　　を要請する理論である。

　そう言われても、なぜこれが相対性理論なのか分かる人はそう多くはないだろう。これはよく聞く相対性理論とは違うものである。だが、相対性理論を正しく理解するためには、まずこのことを理解しなければならない。そのためには、「座標変換によって変わらない」ということが何を意味しているのかを知らなければならない。それをこれから説明していくことにする。

　その前に、相対性理論という用語の使い方について以下で整理しておく。いくつか似たような表現を使うが、意味が同じだったり違ったりするので、注意して使い分けなければならない。

- **相対論**　相対性理論のことである。相対性理論を省略してこのように言われる。相対論も相対性理論も同じものである。本書でも相対論という用語をタイトルに用いている。タイトルに用いている理由は単に短いタイトルにすることを意図しているだけであり、本文中では相対性理論という用語を用いる。
- **相対性理論**　一般的にはアインシュタインの相対性理論を指す。しかし、もっと広い意味で使われることもある。上で述べた「物理法則を表わす数式が座標変換によって変わらないことを要請する理論」は、広い意味での相対性理論である。
- **アインシュタインの相対性理論**　特殊相対性理論と一般相対性理論がある。

特殊相対性理論 特殊な条件の場合について論じた理論である。もう少し詳しく述べると、ローレンツ変換という座標変換に対して物理法則が不変となるように作られた理論である。

一般相対性理論 特殊相対性理論よりも扱う範囲が広い理論である。ローレンツ変換以外にも、より一般的な座標変換に対して物理法則が不変となるように作られた理論である。更に、重力を論じた理論にもなっている。

3 座標変換

座標変換とは、簡単に言うならば、見方を変える、ということである。例えば、右側から見ていたものを左側から見る、というのも座標変換である。見方を変えることを数式を使って表すのが座標変換である。

3.1 座標と座標変換

まずは、座標とは何かというところから始めよう。物理学では物体の動きを研究する。そのためには、物体の動きを記述するやり方を決めなければならない。ボールが右から左へ飛んで行った、というだけでは、どこからどういう風にどれくらい飛んだのかは分からない。ボールは初めにどこにあったのか、どこをどれくらいの速さで通って行ったのか、そういったことを指定しなければならない。場所を指定するのに「座標」というものを使う。

座標は、場所を指定するためのいくつかの数字の組である。例えば、点を (2,3) などと表す。3 次元の場合は、数字の数は 3 個になる。よく使われるやり方では、基準となる点を決めて、互いに直交する座標軸を引けば座標を指定することができる。このように座標の指定の仕方を決めたものを座標系という。基準点が変われば別の座標系になる。軸の方向が変わっても別の座標系になる。上で述べた例は直交座標系と言われる。座標を指定する数字の決め方は他にもあり、例えば基準点からの距離と、基準点から見てどの方向にあるかを指定するやり方もよく使われる。これは極座標系と呼ばれる。アインシュタインの特殊相対性理論で使われる座標系は、直交座標系である。極座標系や、もっと一般的な座標系を扱うのは一般相対性理論である。

同じ場所の点を別々の座標系で見ると、座標の値が違ってくる。2 つの座標系の基準点がズレていれば、その分だけ座標の値が異なることは容易に分かるだろう。基準点が同じでも、座標軸の方向が異なっていれば、やはり座標の値は異なってくる。2 つの座標系から同じ点を見たときに、それぞれの座標の値がどのような関係になっているのかを指定すれば、互いの座標の値を計算によって求めることができる。この関係式を座標変換式と呼ぶ。座標変換とは、座標変換式によって、一方の座標からもう一方の座標に変換することである。以下に、座標変換の例をいくつか示していこう。

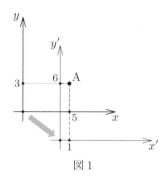

図 1

3.2 平行移動

図 1 に示すように x 軸と y 軸を設定して、そこに点 A を置いたとしよう。この点の座標は、$(5, 3)$ と表すことができる。次に、これらの軸に平行な別の x 軸と y 軸を設定して(x' 軸と y' 軸ということにする)、その座標系から見たときの点 A の座標を求めてみよう。初めの x 軸と y 軸で決まる座標系を S 系、後の x' 軸と y' 軸で決まる座標系を S' 系と呼ぶことにする。S 系と S' 系の原点($x = 0, y = 0$ の点)は、x 方向では 4、y 方向では -3 離れている。そうすると図 1 から分かるように、S' 系から見た点 A の座標は $(1, 6)$ となる。これを式で表すと次のようになる。

$$\begin{cases} x' = x - 4, \\ y' = y + 3. \end{cases} \tag{1}$$

ここで、(x, y) は S 系での座標、(x', y') は S' 系での座標である。

このように、x 軸 y 軸を平行移動して別の x' 軸、y' 軸の座標系を設定することは、最も単純な座標変換の 1 つである。

3.3 回転

次に回転の座標変換を見ていこう。初めに、式を示そう。

$$\begin{cases} x' = x\cos\theta + y\sin\theta, \\ y' = -x\sin\theta + y\cos\theta. \end{cases} \tag{2}$$

式の中に $\sin\theta$ や $\cos\theta$ が入ってくると何やら難しくなったような感じがするので、θ に具体的な値を入れてみよう。θ に 30° を入れると $\sin\theta = 1/2$、$\cos\theta = \sqrt{3}/2$ となるので、式 (2) は次のようになる。

$$\begin{cases} x' = \dfrac{\sqrt{3}}{2}x + \dfrac{1}{2}y, \\ y' = -\dfrac{1}{2}x + \dfrac{\sqrt{3}}{2}y. \end{cases} \tag{3}$$

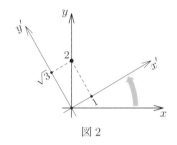

図 2

さて、式 (1) と式 (3) を比べると、式 (1) では、x' は x だけの関数、y' は y だけの関数であったが、式 (3) では、x' は x と y の関数、y' も x と y の関数である点が大きく異なる。

式 (3) の変換で、具体的にどのように座標の値が変わるのかを見てみよう。ここでも、(x,y) は S 系での座標、(x',y') は S' 系での座標とする。直ちに分かることは、$(x,y) = (0,0)$ ならば (x',y') も $(0,0)$ となることである。すなわち、S 系の原点は S' 系の原点に変換される。次に、$(x,y) = (0,2)$ を入れてみよう。計算の結果、$(x',y') = (1,\sqrt{3})$ となる。S' 系から見たときに、この点の座標が $(1,\sqrt{3})$ となるには、S' 系が原点の周りに左回りで 30° 回転すればよいことが分かる（図 2 参照）。この 30° は、式 (2) の θ に入れた値である。このことから、式 (2) は、原点を中心として θ だけ回転させた座標系に変換する座標変換式であることが分かる（左回りを正とする）。

式 (2) は、x-y 平面だけの回転であるが、3 次元空間での回転も考えることができる。その場合は、z 軸の周りの回転（x-y 平面の回転）、y 軸の周りの回転（z-x 平面の回転）、x 軸の周りの回転（y-z 平面の回転）を考えて、それらを組み合わせることで任意の回転を起こすことができる。このとき、z 軸の周りの回転の座標変換式は、式 (2) に $z' = z$ を追加すればよい。

$$\begin{cases} x' = x\cos\theta + y\sin\theta, \\ y' = -x\sin\theta + y\cos\theta, \\ z' = z. \end{cases} \quad (4)$$

3.4 ベクトルの座標変換

これまでは、ある点の座標がどのように変換されるのかを見てきたが、座標変換で変換されるのは座標だけではない。座標変換によってベクトルも変換される。まずはベクトルの説明から始めよう。

ベクトルは、大きさと向きを持つ量である。簡単に言うと、矢印である。例えば、風速はベクトルである。空間の各点に、その点での風の強さと向きが決まる。ベクトルは、成分に分けることができる。例えば、$\vec{v} = (v_x, v_y)$ のように書ける。この成分は座標変換に

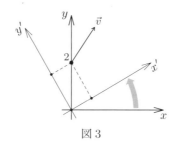

図 3

よって違う値に変わる。ベクトルは座標変換によって次のように変換される。
$$\begin{pmatrix} v'_x \\ v'_y \end{pmatrix} = \begin{pmatrix} a & b \\ c & d \end{pmatrix} \begin{pmatrix} v_x \\ v_y \end{pmatrix}.$$

この式は、ベクトル $\vec{v} = (v_x, v_y)$ が座標変換によってベクトル $\vec{v}' = (v'_x, v'_y)$ に変換されることを示している。ベクトルを変換する行列は、座標変換式から求められる。例として、回転の座標変換を見てみよう。式 (2) の座標変換では、ベクトルは次のように変換される。

$$\begin{pmatrix} v'_x \\ v'_y \end{pmatrix} = \begin{pmatrix} \cos\theta & \sin\theta \\ -\sin\theta & \cos\theta \end{pmatrix} \begin{pmatrix} v_x \\ v_y \end{pmatrix}.$$

もう少し具体的に見るために、先ほどと同じように θ を 30° とし、点 $(0,2)$ に $\vec{v} = (1, \sqrt{3})$ というベクトルがあるとする。このベクトルを S′ 系から見ると、点 $(1, \sqrt{3})$ に、$\vec{v}' = (\sqrt{3}, 1)$ となるベクトルがあることになる (図 3 参照)。このように、座標変換によってベクトルも変換を受けるが、ベクトルという性質は変わっていない。このことは重要である。どういうことかと言うと、ベクトルは座標変換によって見え方は変わるが、無くなったりはしない、ということである。座標変換したら無くなってしまった、というものはベクトルではない。そんなものがあるのか、と思われるかもしれないが、実際にそのような量を物理学では扱うのである。よく知られたものとして、慣性力がある。慣性力は見かけの力といわれるように、座標系によって現れたり無くなったりする。

ベクトルとは違って、座標変換によって変わらない量もある。それはスカラーと呼ばれる量である。例をあげると、空間内のある点での温度や圧力などである。これらの値は、見方を変えても変わらない。

正確に言うと、ある量がスカラーかベクトルかというのは、どういう座標変換を考えるかで違ってくる。ある座標変換ではスカラーであったものが、他の座標変換ではベクトルの成分であることもある。

座標変換式からベクトルの変換式を求めるやり方を示しておこう。座標系 S 系の座標を x^1, x^2, x^3 と書くことにする。これは例えば、直交座標系ならば x, y, z のことを表す。極座標系ならば r, θ, ϕ を表す。座標を一般化した書き方だと思って頂きたい。同様に、座標系 S′ 系の座標を x'^1, x'^2, x'^3 と書くことにする。x'^1, x'^2, x'^3 は x^1, x^2, x^3 の

関数である。すなわち、

$$\begin{cases} x'^1 = f^1(x^1, x^2, x^3), \\ x'^2 = f^2(x^1, x^2, x^3), \\ x'^3 = f^3(x^1, x^2, x^3). \end{cases}$$

これは座標変換式である。これを使って、ベクトルの成分 A^i は以下の式で変換される。

$$A'^j = \frac{\partial x'^j}{\partial x^i} A^i. \tag{5}$$

$\partial x'^j/\partial x^i$ は行列である。例えば、$\partial x'^1/\partial x^2$ は行列の 1 行 2 列目の成分で、x'^1 を x^2 で偏微分したものである。式 (5) は、$i = 1$ から 3 まで和をとっているのだが、和の記号は省略している。なお、A^i はベクトルの成分であるが、今後はベクトルそのものを A^i と書くことにする (i は 1〜3 を表す)。

もう 1 つ、次の形のベクトル変換式がある。今度はスカラー量 ϕ を使って、

$$\frac{\partial \phi'}{\partial x'^j} = \frac{\partial x^i}{\partial x'^j} \frac{\partial \phi}{\partial x^i} \tag{6}$$

となるベクトルである。ここでも $i = 1$ から 3 まで和をとっている。式 (5) の形で変換されるベクトル A^i を反変ベクトル、式 (6) の形で変換されるベクトル $\partial \phi/\partial x^i$ を共変ベクトルという。ベクトルには 2 種類あるのだが、相対性理論を正確に理解するためには、ベクトルについてのこのような性質を知らなければならない。ここではこれ以上詳しくは説明しないので、興味がある人は自分で勉強して頂きたい。

3.5 運動方程式の不変性

これまで平行移動の座標変換と回転の座標変換を説明してきた。この後、運動する座標系の座標変換の話をすることになるのだが、その前に、物理法則を表わす数式が座標変換によって変わらないということを説明しよう。ここでは物理法則として、ニュートンの運動方程式を取り上げる。運動方程式が平行移動と回転の座標変換で不変であることを示そう。

ニュートンの運動方程式は次のものである。

$$m\frac{d^2 x^i}{dt^2} = F^i. \tag{7}$$

式 (7) は、ある座標系から見たときの運動方程式である (S 系とする)。数式が座標変換によって変わらないというのは、座標変換をした別の座標系 (S' 系) から見たときに、同じ形の式が成り立っているということである。すなわち、

$$m\frac{d^2 x'^i}{dt^2} = F'^i. \tag{8}$$

平行移動の座標変換で確認してみよう。まず、式 (8) が成り立つとして、そこから式 (7) を導く。平行移動の座標変換を以下とする。

$$\begin{cases} x' = x - a, \\ y' = y - b, \\ z' = z - c. \end{cases} \quad (9)$$

式 (9) を t で 2 回微分すると、例えば x' は、

$$\frac{d^2 x'}{dt^2} = \frac{d^2 x}{dt^2}$$

であるから、式 (8) の左辺は式 (7) の左辺と同じになる。次に、F^i の変換であるが、式 (5) の変換式から変換行列は単位行列であることが分かる。したがって、$F'^i = F^i$ である。以上から、式 (7) が成り立っていることが分かる。

次に回転の座標変換を見てみよう。座標変換式として、式 (4) を使う。x' を t で 2 回微分すると次のようになる。

$$\frac{d^2 x'}{dt^2} = \frac{d^2 x}{dt^2} \cos\theta + \frac{d^2 y}{dt^2} \sin\theta.$$

y' を t で 2 回微分すると次のようになる。

$$\frac{d^2 y'}{dt^2} = -\frac{d^2 x}{dt^2} \sin\theta + \frac{d^2 y}{dt^2} \cos\theta.$$

z' を t で 2 回微分すると次のようになる。

$$\frac{d^2 z'}{dt^2} = \frac{d^2 z}{dt^2}.$$

ベクトルの変換式は式 (5) から次のようになる。

$$\begin{pmatrix} F'^x \\ F'^y \\ F'^z \end{pmatrix} = \begin{pmatrix} \cos\theta & \sin\theta & 0 \\ -\sin\theta & \cos\theta & 0 \\ 0 & 0 & 1 \end{pmatrix} \begin{pmatrix} F^x \\ F^y \\ F^z \end{pmatrix}.$$

そうすると、式 (8) は次のようになる。

$$m \frac{d^2 x}{dt^2} \cos\theta + m \frac{d^2 y}{dt^2} \sin\theta = F^x \cos\theta + F^y \sin\theta,$$

$$-m \frac{d^2 x}{dt^2} \sin\theta + m \frac{d^2 y}{dt^2} \cos\theta = -F^x \sin\theta + F^y \cos\theta,$$

$$m \frac{d^2 z}{dt^2} = F^z.$$

これから、式 (7) が成り立っていなければならないことが分かる。

このように、ニュートンの運動方程式は、平行移動と回転の座標変換をしても、式の形が変わらない。相対性理論が要求していることはまさにこのことなのである。このことか

ら、ニュートン力学は、平行移動と回転の座標変換に対しては相対性理論であると言えるのである。

運動量 p^i がベクトルであることを使えば、もっと簡単に確認することができる。運動量を使った運動方程式は次のようになる。

$$\frac{dp^i}{dt} = F^i. \tag{10}$$

S' 系では、

$$\frac{dp'^i}{dt} = F'^i. \tag{11}$$

ここで式 (5) の形を使うと、運動量 p^i と力 F^i の座標変換は次のようになる。

$$p'^i = \frac{\partial x'^i}{\partial x^j} p^j, \quad F'^i = \frac{\partial x'^i}{\partial x^j} F^j.$$

まず式 (11) が成り立っているとして、p'^i と F'^i を式 (11) に入れると、

$$\frac{d}{dt}\left(\frac{\partial x'^i}{\partial x^j} p^j\right) = \frac{\partial x'^i}{\partial x^j} F^j.$$

平行移動と回転の座標変換では、変換行列の成分は定数なので、時間微分を受けない。そこで左辺の時間微分は、変換行列の右側に持ってくることができる。そうすると次のようになる。

$$\frac{\partial x'^i}{\partial x^j} \frac{dp^j}{dt} = \frac{\partial x'^i}{\partial x^j} F^j.$$

両辺の左側から $\frac{\partial x'^i}{\partial x^j}$ の逆行列 $\frac{\partial x^k}{\partial x'^i}$ をかければ、

$$\frac{dp^k}{dt} = F^k$$

となるので、式 (10) が成り立っていることが分かる。

4 運動する座標系

運動する座標系というのは、例えば、動いている電車から見た座標系だと思えばよい。電車から見ると、地面の方が動いて見える。しかし、誰も地面が動いているとは思わないだろう。電車に乗った自分が動いているから、地面が動いているように見えるだけである、と普通は考える。常識的にはそれでよい。だが、物理学ではそうは考えない。物理学では、地面が動いている、と考えるのである。なぜそう考えるのか、それを次に説明しよう。

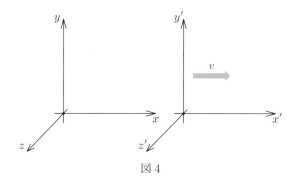

図 4

4.1 運動の相対性

　今、あなたは宇宙服を着て、周りに何もない宇宙空間にいるとする。その時あなたは動いているのか止まっているのか、どちらなのであろうか。実のところ、何も判断できない。なぜならば、周りに何もないので比較することができないからである。さて、そこに、遠くから何かが近づいてきたとしよう。それはあなたと同じように宇宙服を着た人間であった。その人物は秒速 10 m で近づいてきた。その時、動いているのは自分か、その人物だろうか。あなたにとってはその人物が動いているように見えるだろうが、相手にとってみれば、あなたが動いているように見えるはずである。どちらが正しいかを決めることはできない。ただ言えることは、お互いに相手が動いているように見えるということである。それならば、どちらが動いているのかはどうでもよいことであり、自分にとってどう見えるのかだけを考えればよい、ということになる。これこそが物理学での考え方なのである。地上では、地面を基準として考えれば都合がよかったのだが、宇宙的規模で考えれば、地面も、地球自身も動いているのである。どこかに絶対的な基準を置くことはできない。運動というものは相対的なものだとして考えなければならない。それは逆に言えば、自分を基準にして考えればよいということである。これが運動の相対性である。

4.2 ガリレイ変換

　運動する 2 つの座標系を考えて、それらの間の座標変換を考えることにしよう。この時、座標系は互いに動いているという。2 つの座標系の関係を次のように決めよう（図 4 参照）。
　① それぞれの座標系の x 軸、y 軸、z 軸は互いに平行で同じ向きになっているとする。
　② 一方の座標系（S 系とする）から見て、もう一方の座標系（S′ 系とする）は、x 軸の正方向に一定速度 v で動いているとする。
　③ 時刻 $t = 0$ でそれらの座標系の原点は一致していたとする。
今後特に断らない限り、以上の条件で設定されているものとする。

それでは、座標変換式を求めていこう。基本的な形は、平行移動の式と同じである。ただし、座標原点は x 軸上を動いているので、原点からのずれは時間と共に変化することになる。S$'$系から見るとS系がマイナス方向へ動いているので、S系の $x = a$ という点は、S$'$系から見ると、$x' = a - vt$ と動くことになる。なぜなら、時刻 $t = 0$ では原点は一致していたので、$t = 0$ で $x' = a$ であり、それ以降、この点はマイナス方向へ動いていくからである。そうすると、座標変換式としては次のようになる。

$$\begin{cases} x' = x - vt, \\ y' = y, \\ z' = z. \end{cases} \tag{12}$$

この変換式はガリレイ変換と言われているものである。2つの座標系は、互いに一定の速度で動いているので、これらは慣性系と呼ばれる座標系となっている。つまり、ガリレイ変換は慣性系の間の座標変換になっている。

4.3 運動方程式の不変性

ガリレイ変換で運動方程式が不変であることを示そう。式 (12) の x' を t で微分すると、

$$\frac{dx'}{dt} = \frac{dx}{dt} - v.$$

この式は、S$'$系の質点の速度がS系での速度から v を引いたものになっていることを表している。これはガリレイ変換での速度の合成則である。もう一度 t で微分すると、

$$\frac{d^2 x'}{dt^2} = \frac{d^2 x}{dt^2}$$

となるので、加速度はS$'$系でもS系と変わらないことを示している。力 F^i の変換は、平行移動の場合と同様に、変換行列が単位行列となることから $F'^i = F^i$ である。したがって、運動方程式は変わらない。

4.4 ローレンツ変換

慣性系の間の座標変換としてガリレイ変換を説明したが、実は、慣性系の間の座標変換にはもう一つ別のものがある。それがローレンツ変換である。ローレンツ変換でも、2つの座標系の関係は、ガリレイ変換で述べたものと同じである。同じ条件なのに、なぜ2つの変換式があるのか。それらは何が違うのか。それを説明するために、まず、ローレンツ

変換式を示すことにしよう。

$$\begin{cases} x' = \dfrac{x - vt}{\sqrt{1 - (v/c)^2}}, \\ y' = y, \\ z' = z, \\ t' = \dfrac{-(v/c^2)\,x + t}{\sqrt{1 - (v/c)^2}}. \end{cases} \quad (13)$$

ここで c は光の速度で、ほぼ 30 万 km/s である。式 (12) と比べると、大きく異なる点が 2 つある。1 つは、x の前に係数が掛かっていることである。もう 1 つは、時間 t が座標変換で変わることである。式 (12) では t は運動のパラメータであったが、式 (13) では t は座標として扱われる。

式 (12) と式 (13) に同じ値を入れて結果を比較してみよう。次の条件を考える。v として、0.3 km/s とする。これは時速に換算すると 1,080 km/h となり、日常的な速さとしてはかなり速い。しかしながら、v/c は 1×10^{-6} であり、非常に小さい値である。このとき係数 $1/\sqrt{1 - (v/c)^2}$ の値は、1.0000005 であり、ほぼ 1 である。x を 100 km、t を 100 s として x'、t' を計算してみよう。式 (12) では、x' は 70 km となる。式 (12) では t' の式はないが、$t' = t$ の関係があるとみなす。したがって、t' は 100 s である。式 (13) では、x' は 70.000035 km、t' は 99.9999999997 s である。式 (12) と式 (13) とでは、わずかな違いはあるものの、その値はほとんど同じと考えてよい。このように、式 (12) と式 (13) は、日常のレベルでは同じ結果を与える変換式である。しかし、v が大きく、v/c が 1 に近いような場合は、結果は大きく異なってくる。これは次のように解釈できる。式 (13) が現実の世界では正しい変換式であり、式 (12) は近似式であるが、日常的な現象を考える場合は、式 (12) を使えば十分正確な結果が得られる。実際、式 (13) で $v/c = 0$ とおくと、式 (12) に一致するのである。

次の章からは、ローレンツ変換式について、そこから何が分かるのか、どのようにしてローレンツ変換式が生まれたのか、そういったことを説明していこう。ローレンツ変換こそが、特殊相対性理論の本質となるものである。本書の主旨に沿って言えば、ローレンツ変換に対して物理法則が不変であることを要請した理論が特殊相対性理論なのである。

5 ローレンツ変換と相対性理論

5.1 ローレンツ変換式から導かれること

ローレンツ変換式は式 (13) に示した通りであるが、もっと一般的な形を考えるなら、2 つの慣性系の座標軸の向きは同じである必要はないし、運動している方向も x 軸である必要はない。しかし、そのような座標変換式は複雑で分かりにくいので、式 (13) を基本として考えていくことにする。ただし、y 軸、z 軸は変わらないので記載は省略して、さら

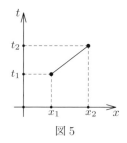

図 5

に、$\gamma = 1/\sqrt{1-(v/c)^2}$ とおいて、次のように書くことにする。

$$\begin{cases} x' = \gamma(x - vt), \\ t' = \gamma(-(v/c^2)\,x + t). \end{cases} \quad (14)$$

座標は、空間の座標 3 個と時間の座標 1 個の 4 個必要である。これは、4 次元の世界を考えることになるのだが、時間と空間は別物なので、4 次元空間とは言わずに 4 次元時空と言われる。あるいはもっと厳密に 3+1 次元という言い方もされる。座標は (x,y,z,t) と書くことになるが、y 成分、z 成分は省略して、(x,t) と書くことにする。質点の運動も x 方向のみを考える。質点が動くと、x-t 座標上に線を描くことになる。例えば、時刻 t_1 で x_1 の位置にあった質点が、時刻 t_2 で x_2 の位置に移動したとすると、点 (x_1,t_1) から点 (x_2,t_2) まで線が引かれることになる（図 5 参照）。この運動が等速度運動ならば直線となるし、加速度運動なら曲線を描くことになる。質点が静止している場合でも線を描くことに注意しよう。その場合、質点が描く線は t 軸に平行な線となる。なお、図 5 に示すように、横軸を x 軸、縦軸を t 軸とする。これは、x 軸方向に座標系が動くことをイメージしやすいようにそのように軸を設定しているものである。

もう少し、事前の準備をしておく。式 (14) の変形版として次の式が成り立つことが分かる。

$$\begin{cases} \Delta x' = \gamma(\Delta x - v\,\Delta t), \\ \Delta t' = \gamma(-(v/c^2)\,\Delta x + \Delta t). \end{cases} \quad (15)$$

ここで、$\Delta x = x_2 - x_1$、$\Delta t = t_2 - t_1$、$\Delta x' = x'_2 - x'_1$、$\Delta t' = t'_2 - t'_1$ である。式 (15) は、式 (14) に x_1, t_1 を入れた式と、x_2, t_2 を入れた式の差を取れば導かれる。

さて、これからこのローレンツ変換式から導かれる事柄について説明していこう。以下の 5 つである。

① 速度の合成
② 時間の遅れ
③ ローレンツ収縮
④ ローレンツ変換で不変な量
⑤ 質量とエネルギーの等価性

① **速度の合成** 質点が、S系で見たときに u の速さで動いているとき、それを S′ 系で見るとその速さはいくらになるかを考える。

式 (15) の $\Delta x, \Delta t$ をS系で質点が移動した距離、時間とする。そうすると、$\Delta x/\Delta t = u$ である。S′系での速さを求めたいのであるから、$\Delta x'/\Delta t'$ を求めればよい。式 (15) から、

$$\frac{\Delta x'}{\Delta t'} = \frac{\gamma(\Delta x - v\,\Delta t)}{\gamma(-(v/c^2)\Delta x + \Delta t)} = \frac{\Delta x - v\,\Delta t}{-(v/c^2)\Delta x + \Delta t} = \frac{(\Delta x/\Delta t) - v}{-(v/c^2)(\Delta x/\Delta t) + 1}$$
$$= \frac{u - v}{1 - vu/c^2} \tag{16}$$

となる。ガリレイ変換では、$u - v$ であったが、ローレンツ変換では単純な引き算にはならない。式 (16) では、S′系は S系に対して正の方向に動いているので、v の前の符号がマイナスになっている。S′系が負の方向に動いている場合は、v をマイナスにすればよい。例えば、v で動いている電車の窓から u の速さでボールを前方に投げた場合、地上から見たボールの速さは次のようになる。

$$u' = \frac{u + v}{1 + vu/c^2}. \tag{17}$$

さて、式 (17) で、u、v として、それぞれに $0.5\,c$ を入れてみよう。c は光速度である。ガリレイ変換であれば、$u' = c$ となるはずであるが、式 (17) からは、$u' = 0.8\,c$ となる。単純な足し算よりも小さくなるのである。このような速度の足し算を次々と行っていっても、質点の速さは c に到達しない。このように、質点の速さは光速度を超えないのである。次に、v を任意として、$u = c$ としてみよう。そうすると $u' = c$ となる。これは、S系で c であれば、S′系でも c であることを意味する。光速度は、どの座標系から見ても一定であることを示している。

光速度が座標系に依らずに一定であることは、ローレンツ変換からの結論として捉えることもできるが、ローレンツ変換式を求めるときの条件として捉えることもできる。光速度が座標系に依らずに一定であることを条件とする場合は、光速度不変の原理という。逆に、光速度不変の原理を使わずに他の方法でローレンツ変換式を求めた場合（例えば電磁気現象から経験則的に求めた場合など）、ローレンツ変換式からの結論として光速度が不変であることが導かれる。

ここで、式 (15) をもう少し変形しておく。式 (15) の座標変数は x と t であるが、これらのディメンジョンは異なる。そのため、式が対称な形になっていない。ちなみに、ディメンジョンとは分かりやすく言うと単位のことである。x は長さのディメンジョンを持ち、t は時間のディメンジョンを持つ。これらのディメンジョンを統一しようというのである。そのためには、時間 t に速さのディメンジョンを持つ量をかけてやればよい。そうすると、長さのディメンジョンになる。時間にかける速さのディメンジョンの量は、定数でなければならない。すなわち、座標変換で値が変わってはいけない。そうすると、その候補となるのは光速度 c である。すぐ上で示したように、光速度はどの座標系でも同じだ

からである。そこで、t に c を掛けたものを w として ($w = ct$)、式 (15) を書き換えてみる。
$$\begin{cases} \Delta x' = \gamma(\Delta x - (v/c)\Delta w), \\ \Delta w' = \gamma(-(v/c)\Delta x + \Delta w). \end{cases} \tag{18}$$
これを行列の形で書くと、より対称性が明確になる。
$$\begin{pmatrix} \Delta x' \\ \Delta w' \end{pmatrix} = \gamma \begin{pmatrix} 1 & -v/c \\ -v/c & 1 \end{pmatrix} \begin{pmatrix} \Delta x \\ \Delta w \end{pmatrix}.$$
この行列は、ベクトル変換の行列でもある。$(\Delta x, \Delta w)$ はベクトル変換する。

なお、x、y、z を x^1、x^2、x^3 と書く場合は、w は x^0 と書くことにする。

② 時間の遅れ ここでは、式 (15) から Δt と $\Delta t'$ の関係を求める。具体的な状況を設定しておこう。地球に固定した座標系（S 系）と、宇宙船に固定した座標系（S′ 系）の 2 つの座標系を考える。地球から宇宙船の中を見たときに、そこでの時間の流れを調べようというのである。宇宙船の中にいる人が、ある時、椅子に座ったまま何かのスイッチを入れ、しばらくしてから、スイッチを切ったとしよう（何のスイッチかはどうでもよいので、適当に想像してほしい）。この間の時間は、宇宙船の中では $\Delta t'$、地球では Δt である。宇宙船の中では移動していないので、$\Delta x' = 0$ である。$\Delta x' = 0$ を式 (15) に入れて、2 つの式から Δx を消去すると、次の式が得られる。
$$\Delta t' = \Delta t \sqrt{1 - (v/c)^2}. \tag{19}$$
この $\sqrt{1 - (v/c)^2}$ は 1 より小さいので、宇宙船の中の時間 $\Delta t'$ が、地球の時間 Δt よりも小さいことを表わしている。つまり、宇宙船の中の時間が地球の時間よりゆっくり流れているのである。

今度は、宇宙船から地球を見た場合を考える。同じように、地球にいる人があるところで椅子に座って、何かのスイッチを入れて、そして切ったとしよう。それを宇宙船から見るのである。今度は、$\Delta x = 0$ であるが、第二の式から直ちに、$\Delta t' = \gamma \Delta t$ となる。これから、
$$\Delta t = \Delta t' \sqrt{1 - (v/c)^2}. \tag{20}$$
となる。今度は、先ほどとは逆に、地球の時間 Δt が、宇宙船の中の時間 $\Delta t'$ よりも小さくなっている。宇宙船の中から地球を見ると、地球の時間の方がゆっくり流れているのである。式 (19) と式 (20) とでは全く反対の結果となっていて、これはおかしいのではないかと思われるかもしれない。しかし、自分にとって動いている座標系の時間が遅れる、という点では同じ結果を与えているのである。

お互いに相手の方の時間が遅くなるのだとすると、宇宙船が地球に戻ってきたときにはどうなっているのだろうか、ということが気になるだろう。これは双子のパラドクスと呼ばれるものである。これに対する答えとしては、加速度運動をして戻ってきた宇宙船の方が時間が遅れている、ということが分かっている。この件について詳しく知りたい人は、

姉妹編の「双子のパラドクスの定量計算 総集編」を参照して頂きたい。なお、この現象を利用すると、宇宙船に乗った宇宙飛行士は、300 年後の地球に帰ってくる、というようなことが理論上は可能となる。このことを、日本ではウラシマ効果と呼んだりする。このウラシマとは、日本人ならよく知っている浦島太郎のことである。浦島太郎の話では、太郎が竜宮城で 3 年過ごして故郷に帰ってくると、300 年も年月が経っていたという話になっている。このようなことが現実に可能だということがアインシュタインの相対性理論から言えるのである。

③ ローレンツ収縮 今度は、Δx と $\Delta x'$ の関係を求めよう。例えば、Δx を地球から見た宇宙船の長さとする。$\Delta x'$ は宇宙船から見た宇宙船の長さである。長さを測るときは、両端を同時に見なければならない。宇宙船は動いているのであるから、最初に先端の位置を調べて、あとから後端の位置を調べても意味がないのである。そこで、地球から見て宇宙船の長さを測るときは、式 (15) で $\Delta t = 0$ とおくことになる。そうすると、第一式から $\Delta x' = \gamma \Delta x$ となり、

$$\Delta x = \Delta x' \sqrt{1 - (v/c)^2} \tag{21}$$

となる。これは、地球から見たときの長さ Δx が、宇宙船から見たときの長さ $\Delta x'$ よりも短くなっていることを示している。これは一般にローレンツ収縮といわれる。時間の遅れの時と同様に、この逆も正しい。すなわち、宇宙船から見ると地球の方が縮んでいるのである。例えば、$\Delta x'$ を宇宙船から見た地球の直径としよう。今度は宇宙船から見た距離を測るので、$\Delta t' = 0$ とおくことになる。そうすると、式 (15) の第二式から $\Delta t = \dfrac{v}{c^2} \Delta x$ が得られるので、これを第一式に入れて、

$$\Delta x' = \gamma (\Delta x - v(v/c^2)\Delta x) = \gamma(1 - v^2/c^2)\Delta x = \Delta x \sqrt{1 - (v/c)^2}$$

となる。これは式 (21) の Δx と $\Delta x'$ を入れ替えたものになっている。このケースは、地球の大きさが縮むだけではない。例えば、地球と太陽の間の距離も縮むのである。このため、時間の遅れが起こっても矛盾が生じないようになっている。例えば以下の問題を考える。

宇宙船が地球から 10 光年離れた X 星に行くことを考える。宇宙船は地球を出発すると直ちに光速の 90 % の速さで飛行するものとする。その時、宇宙船はどれくらいの時間で X 星に到着するか、という問題である。到着するまでの時間というのは、地球から見た場合と、宇宙船の中の時間の 2 つがある。まず地球から見た場合を考えよう。X 星までの距離は 10 光年で、そこを光速の 90 % で飛行するのであるから、その時間は、(10 光年)/(0.9 c) で、$\Delta t = 10/0.9 = 11.1$ となり、11.1 年となる。一方、宇宙船の中で経過する時間は、これに $\sqrt{1 - (v/c)^2} = \sqrt{1 - 0.9^2} = 0.436$ を掛けた 4.84 年となる。地球から見た時間は問題ないが、宇宙船の時間はおかしいとは思わないだろうか。10 光年の距離を 4.84 年で移動すれば、光の速さよりも速く移動したことになる。ところが、そうではないのである。宇宙船にとって、地球と X 星の間の距離は 10 光年ではない。ロー

レンツ収縮しているため、4.36 光年に縮んでいるのである。この距離を光速の 90 %で移動するのであるから（宇宙船から見ると移動しているのは X 星であるが）、その時間は $(4.36\,光年)/(0.9\,c)$ から、4.84 年となるのである。

④ ローレンツ変換で不変な量 上で見たように、時間も距離も、座標系によって違ってくる。もともと座標変換とは見方を変えるだけのものであるので、時間や距離が変わるというのは奇妙であるが、時間、距離はベクトルの成分であるので、座標変換によって変わるというのは当然のこととなる。それならば、見方を変えても変わらない量もあるはずである。それは、4 次元時空内のベクトル（4 元ベクトル）の大きさというべきものである。

結論を先に述べれば、それは $\Delta w^2 - \Delta x^2$ である。不変量であることを明確にするなら、次のようになる。

$$\Delta w'^2 - \Delta x'^2 = \Delta w^2 - \Delta x^2. \tag{22}$$

これが成り立つことは、式 (18) を入れてみればよい。

$$左辺 = \left\{\gamma\left(-\frac{v}{c}\Delta x + \Delta w\right)\right\}^2 - \left\{\gamma\left(\Delta x - \frac{v}{c}\Delta w\right)\right\}^2$$
$$= \gamma^2\left(\frac{v^2}{c^2}\Delta x^2 + \Delta w^2 - 2\frac{v}{c}\Delta x\,\Delta w\right) - \gamma^2\left(\Delta x^2 + \frac{v^2}{c^2}\Delta w^2 - 2\frac{v}{c}\Delta x\,\Delta w\right)$$
$$= \gamma^2\left\{\left(1 - \frac{v^2}{c^2}\right)\Delta w^2 - \left(1 - \frac{v^2}{c^2}\right)\Delta x^2\right\} = \gamma^2\left(1 - \frac{v^2}{c^2}\right)(\Delta w^2 - \Delta x^2)$$
$$= \Delta w^2 - \Delta x^2 = 右辺.$$

式 (22) から、時間の遅れの式である式 (19) を直接導くことができる。地球から見たとき、Δt の間に宇宙船が Δx だけ移動したとする。宇宙船の速度を v とすれば、$\Delta x = v\,\Delta t$ である。このとき、宇宙船から見た座標系では、$\Delta x' = 0$ である。これらを式 (22) に入れると、

$$(c\,\Delta t')^2 = (c\,\Delta t)^2 - (v\,\Delta t)^2.$$

これから、$\Delta t'^2 = \Delta t^2\left\{1 - (v/c)^2\right\}$ となり、したがって、$\Delta t' = \Delta t\sqrt{1 - (v/c)^2}$ となる。

次に、式 (22) を質点の運動に応用することにする。質点が Δt の間に Δx だけ移動したとするとき、質点の固有時 τ を次のように定義する。

$$(c\,\Delta\tau)^2 = \Delta w^2 - \Delta x^2. \tag{23}$$

上で見たのと同様に、τ は質点が静止している座標系での時間に他ならない。この τ を運動のパラメータとして使う。

もう少し詳しく述べると、$\Delta w^2 - \Delta x^2$ は質点が運動したときに 4 次元時空に描く線の長さの 2 乗と考えられる。この線上のある点を基準として、そこからの長さを運動のパラメータとするのである。この長さがいくらの時に、x 座標の値はいくらか、w 座標の値は

いくらか、ということを指定することで、運動を表すのである。運動が等速度でない場合は、微小な線分の和として長さが定義されるので、$\sqrt{dw^2 - dx^2}$ を積分することで長さが求められる。

式 (23) に y、z 座標も加えると、
$$(c\,\Delta\tau)^2 = \Delta w^2 - (\Delta x^2 + \Delta y^2 + \Delta z^2) \tag{24}$$
となる。これは、3 平方の定理を 4 次元時空に拡張したものだと考えてもらえばよい。ベクトルの大きさも同じようにして求められる。今、4 元ベクトル $v^\mu = (v^0, v^1, v^2, v^3)$ の大きさの 2 乗を次のように求める。v^0 はベクトルの時間成分である。
$$|v^\mu|^2 = (v^0)^2 - \{(v^1)^2 + (v^2)^2 + (v^3)^2\}. \tag{25}$$
3 次元空間のベクトルであれば、$(v^1)^2 + (v^2)^2 + (v^3)^2$ がベクトルの大きさの 2 乗となるが、4 次元時空では上記のように、時間成分の 2 乗から空間成分の 2 乗を引いたものになる。

ここで、2 つの 4 元ベクトル A^μ、B^ν の内積を次のように定義する。
$$\eta_{\mu\nu} A^\mu B^\nu = A^0 B^0 - A^1 B^1 - A^2 B^2 - A^3 B^3. \tag{26}$$
これを見ると、式 (25) は、4 元ベクトル v^μ の自分自身との内積を求める式であることが分かる。なお、$\eta_{\mu\nu}$ は計量テンソルというものであるが、ここでの説明は省略する。式 (26) の右辺が内積の式であることが分かればよい。

⑤ 質量とエネルギーの等価性

(a) $E = mc^2$ の求め方

ここでは、特殊相対性理論で有名な、質量とエネルギーの等価性を示した式 $E = mc^2$ の求め方について説明しよう。

$E = mc^2$ は、式自体が非常にシンプルなのに対し、その求め方はかなり煩雑である。まずは、大きな流れを理解してもらおう。

$E = mc^2$ は、直接には以下の微分方程式の解として求められる。
$$\frac{dE}{dt} = \frac{d\vec{p}}{dt} \cdot \vec{v}. \tag{27}$$
この微分方程式自体は仕事の定義から導かれるもので、特殊相対性理論に特有のものではない（この微分方程式の求め方は付録 A.1 に示している）。違いが出るのは、右辺の運動量 $\vec{p}$ である。ニュートン力学では、よく知られているように $\vec{p} = m\vec{v}$ であり、これを上記の微分方程式に入れて E を求めると、よく知られた $E = (1/2)mv^2$ が得られる。ところが、特殊相対性理論では、$\vec{p}$ は以下のようになる（相対論的運動量ということにする）。
$$\vec{p} = \frac{m\vec{v}}{\sqrt{1 - (v/c)^2}}. \tag{28}$$

この $\vec{p}$ の求め方は後ほど説明する。まずは、この $\vec{p}$ を使って E を求めてみよう。計算を簡単にするため、1次元での運動を考える。式 (27) に式 (28) を入れると、

$$\frac{dE}{dt} = \frac{d}{dt}\left(\frac{mv}{\sqrt{1-(v/c)^2}}\right)v$$

$$= mv\left[\frac{dv}{dt}\left\{1-\left(\frac{v}{c}\right)^2\right\}^{-\frac{1}{2}} + v\left(-\frac{1}{2}\right)\left(-\frac{2v}{c^2}\frac{dv}{dt}\right)\left\{1-\left(\frac{v}{c}\right)^2\right\}^{-\frac{3}{2}}\right]$$

$$= mv\frac{dv}{dt}\left\{1-\left(\frac{v}{c}\right)^2\right\}^{-\frac{3}{2}}\left[\left\{1-\left(\frac{v}{c}\right)^2\right\}+\left(\frac{v}{c}\right)^2\right] = mv\frac{dv}{dt}\left\{1-\left(\frac{v}{c}\right)^2\right\}^{-\frac{3}{2}}.$$

したがって、

$$\frac{dE}{dt} = mv\frac{dv}{dt}\left\{1-\left(\frac{v}{c}\right)^2\right\}^{-\frac{3}{2}}$$

の微分方程式を解けばよい。一見、難しそうだが、次の関係式が分かれば簡単である。

$$\frac{d}{dt}\left(\frac{1}{\sqrt{1-(v/c)^2}}\right) = \frac{v}{c^2}\frac{dv}{dt}\left\{1-\left(\frac{v}{c}\right)^2\right\}^{-\frac{3}{2}}.$$

これから、

$$\frac{dE}{dt} = mc^2\frac{d}{dt}\left(\frac{1}{\sqrt{1-(v/c)^2}}\right).$$

したがって、

$$E = \frac{mc^2}{\sqrt{1-(v/c)^2}} + A$$

が得られる。ここで、A は積分定数である。この A は何かというと、質点が静止しているときの（つまり $v=0$ のときの）E を決めるものである。ニュートン力学では、E は運動エネルギーであったから、$v=0$ で $E=0$ であった。もし特殊相対性理論でも同じように考えるならば、$A=-mc^2$ でなければならない。しかし、特殊相対性理論では事情が異なっている。後で説明するように、エネルギー E は、運動量 p とセットになって、4元ベクトルとして扱われるのである。E がベクトルの成分であるならば、$v=0$ で $E=0$ となる訳にはいかない。$v=0$ では $p=0$ なので、E も 0 となってしまうと、ゼロベクトルとなってしまう。ゼロベクトルは座標変換をしてもゼロでしかないので、それでは困るのである。そこで、積分定数 A を 0 として、$v=0$ で $E=mc^2$ となるようにする。結局、エネルギーは次のように求められる。

$$E = \frac{mc^2}{\sqrt{1-(v/c)^2}}. \tag{29}$$

特殊相対性理論の本の中には、$m = m_0/\sqrt{1-(v/c)^2}$ とおいて、式 (29) を $E = mc^2$ と表したりしているものもある。このとき m_0 が意味しているのは、質点が静止しているときの質量である。これは、質量が質点の速さ v によって変わるという考え方に基づく。質量が v によって変わるという考え方自体はおかしなことではない。質点を加速していくと、光速度に近づくほど、加速されにくくなってくる。これは、質量が大きくなったためと解釈することが出来る。しかし、$m = m_0/\sqrt{1-(v/c)^2}$ とおいた m が質量と言えるかどうかは定かではない。ニュートン力学では、慣性質量は加速されにくさで定義されるが、特殊相対性理論では、加速度が単純には表されないので、このように定義することは出来ない。本書では、このような書き方はしないで、式 (29) のように書くことにする。

式 (29) は、エネルギーが v によってどのように変わるのかを与える式であるが、v/c が 1 より非常に小さい場合には次のように近似できる。

$$E \approx mc^2 \left\{ 1 + \frac{1}{2}\left(\frac{v}{c}\right)^2 \right\} = mc^2 + \frac{1}{2}mv^2.$$

これの第二項は、ニュートン力学での運動エネルギーである。したがって、式 (29) は v が小さいときには、ニュートン力学での運動エネルギーと静止エネルギーを足したエネルギーを与える。

さて、話は前後するが、式 (28) の運動量の式を求めることを考えよう。詳細は付録に示すこととし、ここでは定性的な説明をしよう。前節の「① 速度の合成」のところで示したように、物体の速さは、単純な足し算にはならない。運動量が質量×速度であるなら、運動量も単純な足し算にはならないことになる。では、光速度に近づくと運動量も頭打ちになるのかというと、それも考えにくい。力を加え続けていけば、運動量は無限に増加していくと考えるのが自然である。となると、単純に $\vec{p} = m\vec{v}$ ではなく、他の速度の依存性があるということになる。この依存性を $f(v)$ としよう。すなわち、$\vec{p} = m\vec{v}f(v)$ とする。この $f(v)$ がどのような性質を持っているのか考えよう。まず分かるのは、v が小さいところでは、$f(v)$ は 1 にほぼ等しいということである。つまり、ニュートン力学での運動量になっているということである。そして、v が大きくなると $f(v)$ も大きくなり、v が c に近づくにつれて無限に大きくなる。また、v は方向によらず、大きさのみの関数である。なぜなら、運動の方向によって値に違いが出ることは考えられないからである。以上のような性質を持つ関数で、これまでに既に出てきているものを探すと、$\gamma = 1/\sqrt{1-(v/c)^2}$ がまさにそのような性質を持っている。そこで、式 (28) のようになるだろうと予想されるのである。

(b) $E = mc^2$ の物理的意味

次に、$E = mc^2$ の物理的意味を考えてみよう。通常これは、質量とエネルギーが等価であることを表わす式であると考えられている。例えば、1 g の物質が持つエネルギーは 9×10^{13} J である。では、物質が消滅してエネルギーに変わることはあるのであろうか。そんなことは起こらないのである。普通は起こらないのであるが、ある特殊な場合には起

こることもある。

　話が混乱してしまうかもしれないが、まずはその特殊な場合について説明しよう。それは、粒子－反粒子対消滅である。素粒子の世界では、素粒子のような粒子に対して、反粒子というものが存在する。例えば、電子に対しては陽電子という反粒子が存在する。陽子の場合は反陽子という。反粒子は、粒子とよく似ているが、電荷が反対である。陽電子であれば、プラスの電荷を持つ。電荷を持たない中性子にも反粒子がある。この場合は、クォークレベルで反粒子になっていると考えられる。光子のように反粒子を持たない粒子もあるが、粒子と反粒子が同じであるとする解釈もある。このような反粒子が粒子と出会うと、対消滅が起こる。対消滅とは、その名のとおり、消滅するのである。消滅して何が起こるかと言うと、他の粒子が対で生成する。生成された粒子が光子であれば、光子の持っているエネルギーを全て他の粒子に与えることができるので、質量をエネルギーに変換したと言える。電子と陽電子が出会うと、対消滅して、その質量に相当するエネルギーを持つ2個の光子が生成する。もし電子と陽電子が大きな運動エネルギーを持っていれば、光子以外にも、新たな電子－陽電子対やその他の粒子－反粒子の対を生成する。エネルギーの許す範囲でいろんな可能性がある。さて、話を最初に戻そう。物質が消滅してエネルギーを発生させるためには、反粒子が必要である。粒子しかない場合には、物質が消えてエネルギーになる、ということはあり得ない。

　ちなみに、粒子－反粒子対消滅は特殊な場合であると書いたが、めったに起こらない珍しい現象かというと、そうではない。電子－陽電子の対消滅は、PET検査という医療検査で使われている現象である（PET: Positron Emission Tomography 陽電子放射断層撮影）。人間の体内で電子－陽電子の対消滅が起きて、そこで発生した光子を検出することで癌を見つけ出すのである。

　反粒子が存在しない場合でも、質量がエネルギーに変換すると考えられる現象がある。核分裂と核融合である。核分裂は、ウランなどの原子量の大きな原子の原子核が2つに分裂したときに大きなエネルギーを発生するものである。逆に、核融合は水素などの小さな原子の原子核が融合して、大きな原子核になるときにエネルギーを発生するものである。まずは核分裂から話を始めよう。

　ウラン235の原子核に中性子が吸収されると、ある確率で原子核が分裂して、2個の原子核、例えばイットリウム95とヨウ素139に分裂する。同時に、中性子も2個放出される。この時、ウラン原子1個あたり約3.2×10^{-11} Jのエネルギーを放出する。この反応の前後で質量を比較すると、核分裂前のウラン＋中性子1個の方が、核分裂後のイットリウム＋ヨウ素＋中性子2個よりも大きい。その質量差が、放出されるエネルギーに対応する。さて、それではこの時、何の質量が減ったのであろうか。先ほども述べたように、物質が無くなった訳ではない。実は、核分裂前の質量には、内部エネルギーによる質量増加分が元々あったのである。それはどういうことか。原子核は、陽子、中性子という核子の集合体である。集合しているからといって、ぎっしり詰まっている訳ではない。原子核の中で動き回っているのである。原子核は、核力というポテンシャルによって核子を

閉じ込めているのであるが、このような状況ではそれぞれの核子は同じエネルギー状態に存在することはできない。そのため、核子はそれぞれ別の運動エネルギーを持って原子核の中で動いているのである。これを原子核の外から見ると、核子の運動エネルギーは原子核の内部エネルギーとして存在することになる。このエネルギーが原子核の質量を増やしているのである。原子核が分裂すると、あぶれた運動エネルギーが放出される。その結果、内部エネルギーが減って質量が減るのである。要するに、質量が減少してエネルギーになったと言ってはいるが、実態は内部エネルギーが放出されたということである。

次に、核融合の話に移ろう。核融合反応は太陽などの恒星の内部で起こっており、例えば水素原子が4個集まってヘリウム原子となる。この時にエネルギーが放出されるが、水素原子4個の質量よりもヘリウム原子1個の方が質量が小さい。この質量差に相当するエネルギーが放出されたとみなされる。核融合反応で起こっている現象を理解するために、磁石を想像すると分かりやすいだろう。2個の磁石を用意して、一方の磁石を机の上に置く。もう1つの磁石を少しずつ近づけると、ある程度近づいたところで机に置いた磁石が吸い寄せられる。これは、磁力という引力が働くためであるが、磁石のポテンシャルエネルギーが運動エネルギーに変わったと見ることができる。原子核の構成要素である核子にも、似たような引力、いわゆる核力が働く。核子が互いに引き合うと、核力のポテンシャルエネルギーが運動エネルギーに変わる。その運動エネルギーは、核子が融合してできた原子核の運動エネルギーとなり、熱エネルギーとして観測される。運動エネルギーが外部に解放されたことで、ポテンシャルエネルギーが減る。このエネルギーの減少分が質量の減少とみなされるのである。

上記では核分裂と核融合を別々のものとして説明したが、実際はその両方のメカニズムが複合して働いているので、そう単純ではない。また、陽子同士の電磁力も考慮しなければならない。いずれにしても、物質が消滅してエネルギーが発生しているのではない。

5.2 ローレンツ変換に不変な運動方程式

運動方程式がローレンツ変換に対して不変かどうかを見て行こう。直ちに直面する問題は、ローレンツ変換が4元ベクトルを変換する行列なのに対し、運動量が3次元ベクトルになっていることである。まず、運動量を4元ベクトルにしなければならない。運動量とよく似た物理量に運動エネルギーがある。先に見たように、質点のエネルギーは式 (29) で与えられる。運動量は式 (28) で与えられた。これらが4元ベクトルとなっていることを確認しよう。つまり、4元ベクトルとして、次のような形で表わされると考えるのである。

$$p^\mu = \left(\frac{mc}{\sqrt{1-(v/c)^2}}, \frac{mv^1}{\sqrt{1-(v/c)^2}}, \frac{mv^2}{\sqrt{1-(v/c)^2}}, \frac{mv^3}{\sqrt{1-(v/c)^2}} \right). \quad (30)$$

エネルギーの成分の分子が mc^2 ではなく、mc となっているのは、運動量とディメンジョンを合わせるためである。エネルギーの成分は第0成分とすることにする（書物に

よっては、第 4 成分とするものもあるが、第 4 成分の場合は、虚数単位が付く場合が多い）。なお、分母に出ている v は速度の大きさであり、$v^2 = (v^1)^2 + (v^2)^2 + (v^3)^2$ である。

まず、質点が静止している状態を考える。$v = 0$ であるから、4 元ベクトルは $p^\mu = (mc, 0, 0, 0)$ である。これを、x 軸方向に $-v$ で動いている座標系から眺めると、質点は x' 軸方向に v で動いているように見える。$p^\mu = (mc, 0, 0, 0)$ をローレンツ変換すると、次のようになる。

$$\begin{pmatrix} p'^0 \\ p'^1 \\ p'^2 \\ p'^3 \end{pmatrix} = \begin{pmatrix} \gamma & (v/c)\gamma & 0 & 0 \\ (v/c)\gamma & \gamma & 0 & 0 \\ 0 & 0 & 1 & 0 \\ 0 & 0 & 0 & 1 \end{pmatrix} \begin{pmatrix} mc \\ 0 \\ 0 \\ 0 \end{pmatrix} = \begin{pmatrix} \gamma mc \\ \gamma mv \\ 0 \\ 0 \end{pmatrix}.$$

これから、$p'^0 = mc/\sqrt{1-(v/c)^2}$、$p'^1 = mv/\sqrt{1-(v/c)^2}$、$p'^2 = 0$、$p'^3 = 0$ であることが分かる。これは x' 軸方向へ v で動いている質点のエネルギーと運動量であり、ベクトル変換されたことを示している。

エネルギー運動量の 4 元ベクトルは、座標を固有時 τ で微分したものとして表すことができる。式 (24) の固有時の式から、$d\tau = dt\sqrt{1-(v/c)^2}$ が得られるが、これを使って式 (30) を書き換えると、

$$p^i = \frac{mv^i}{\sqrt{1-(v/c)^2}} = \frac{m(dx^i/dt)}{\sqrt{1-(v/c)^2}} = m\frac{dx^i}{dt\sqrt{1-(v/c)^2}} = m\frac{dx^i}{d\tau},$$

$$p^0 = \frac{mc}{\sqrt{1-(v/c)^2}} = \frac{m(dx^0/dt)}{\sqrt{1-(v/c)^2}} = m\frac{dx^0}{dt\sqrt{1-(v/c)^2}} = m\frac{dx^0}{d\tau}.$$

ここで、$x^0 = ct$ である。上記をまとめると、$p^\mu = m(dx^\mu/d\tau)$ となる（μ は 0〜3 を表す）。$dx^\mu/d\tau$ は、速度の 4 元ベクトルともいうべきものである。

エネルギー運動量ベクトルの自分自身との内積（大きさの 2 乗）を計算してみよう。

$$\eta_{\mu\nu} p^\mu p^\nu = (p^0)^2 - \{(p^1)^2 + (p^2)^2 + (p^3)^2\}$$

$$= \frac{(mc)^2}{1-(v/c)^2} - \frac{(mv^1)^2 + (mv^2)^2 + (mv^3)^2}{1-(v/c)^2}$$

$$= m^2 \frac{c^2 - v^2}{1-(v/c)^2} = m^2 c^2 \frac{1-(v/c)^2}{1-(v/c)^2} = (mc)^2. \tag{31}$$

この値は、v が何であっても同じである。すなわち、エネルギー運動量ベクトルの自分自身との内積は、m だけで決まる定数なのである。この式から、エネルギーを運動量から求める式が出てくる。$p^0 = E/c$ を使って、

$$E = \sqrt{\{(p^1)^2 + (p^2)^2 + (p^3)^2\}c^2 + (mc^2)^2}.$$

エネルギー運動量ベクトルが決まったところで、運動方程式に移ろう。ニュートン力学での運動方程式は、式 (10) であった。これをローレンツ変換に対して不変であるように

するには、3次元の運動量ベクトル p^i を4元ベクトル p^μ に置き換えて、時間 t を固有時 τ で置き換えればよい。また、3次元の力 F^i を4元ベクトルの力 F^μ に置き換える。そうすると、

$$\frac{dp^\mu}{d\tau} = F^\mu. \tag{32}$$

これがローレンツ変換に対して不変であることは、「3.5 運動方程式の不変性」の最後でやったやり方と全く同じに示すことができる。

ところで、力を4元ベクトル F^μ に拡張したが、これの第0成分とは何なのだろうか。力に新しい成分が付け加わったのだろうか。そうではない。これは力の3次元成分と関連づけられた量である。それを示しておこう。それには、式 (31) を τ で微分すると分かる。

$$2p^0 \frac{dp^0}{d\tau} = 2p^1 \frac{dp^1}{d\tau} + 2p^2 \frac{dp^2}{d\tau} + 2p^3 \frac{dp^3}{d\tau}.$$

ここで式 (32) を使うと、

$$2p^0 F^0 = 2p^1 F^1 + 2p^2 F^2 + 2p^3 F^3.$$

このように、F^0 は力の3次元成分と関連づけられている。また、この式は式 (27) と同じものであることを示すことができる。

ここで本書の最初に戻ろう。本書の冒頭の部分で、特殊相対性理論について「ローレンツ変換という座標変換に対して物理法則が不変となるように作られた理論である」と書いた。式 (32) は、ローレンツ変換に対して不変となるように修正された運動方程式である。このように、ローレンツ変換に対して物理法則が不変になるように、それまで知られていた法則に修正を加えて作られた理論が特殊相対性理論なのである。

5.3 ローレンツ変換誕生の経緯

これまではローレンツ変換ありきで話を進めてきたが、そもそもローレンツ変換はどうして生まれたのかの話をしておこう。そうはいっても、このあたりの話は、よくある啓蒙書などでも詳しく述べられていると思うので、概要を述べるにとどめる。

さて、事の発端はというと、光の正体は何か、という問いであった。光は粒子であるか波であるか。その論争がニュートンの時代から長いこと続いた。19世紀になり電磁気学が発達すると、光は電磁波の一種であることが示された。その結果、光は波であるという考え方が主流となった。だが、光が波であるとすると厄介な問題があった。光の媒質は何かという問題である。波とはそもそも、何かの媒質が振動していることである。波は運動であって物ではない。光が波なら、その媒質が必要なのである。それが何なのか、全く見当が付かなかった。光の媒質は常識外れの物質である。遠い宇宙の彼方から光が地球に届いていることから、光の媒質は宇宙に満ちていることになる。それでいて、宇宙にある物体の運動を妨げない。一方、光は横波の性質があるが、そのような媒質は粘っこいものでなければならない。色々と矛盾を含んだ物質なのである。この光の媒質はエーテルと呼ば

れた。エーテルとは、元は、古代ギリシャの輝く空気の上層を表す言葉であった。のちに、四元素を唱えたアリストテレスによって、天体を構成する第五の元素として提唱された。そこから天界を満たしている物質とみなされ、これが光の媒質の名前となった。エーテルは光の媒質としての役割以外にも、エーテルが静止している座標系が絶対静止系である、という役割を与えられていた。そのため、エーテルはなくてはならない存在であった。

　エーテルが存在するなら、何らかの方法でその存在が確認できるはずである。そのため、次のようなことが考えられた。地球は宇宙の中を自転しながら公転している。エーテルの中を動いているのである。地球から見ればエーテルが流れて来るように見える。波の性質として、その流れに沿った波と、流れに垂直な波では、波の速さが違うはずである。このようにすれば、エーテルの流れが観測可能だと考えられた。そこで実施された実験として有名なのが、マイケルソン・モーリーの実験である。実験の結果、エーテルの流れは観測されなかった。もちろん、これ以外にも実験はたくさん実施されているが、いずれもエーテルの流れは見いだされなかった。これに対し、実験結果とエーテルを両立させようという試みが色々なされた。マイケルソン自身は、エーテルが地球に引きずられてしまって流れが分かりにくくなっていると考え、標高の高い場所で実験をしたりもしたが、結果は同じであった。理論的な解決を目指した人たちもいた。ローレンツとフィッツジェラルドは、それぞれ別々に、物体は運動する方向に縮む、という仮説を提唱した。ローレンツは、物質を構成している荷電粒子がエーテルと力を及ぼしあって縮むと考えた。さらに、どの慣性系でも電磁気学の式が成り立つようにするためには、新たに局所時間というものを設けて、それが座標系ごとに違うようにならなければならないと考えた。そこで導いた式がローレンツ変換の式である。これに対し、アインシュタインはローレンツ変換の式と同じ式を、光速度不変の原理と相対性原理から理論的に導き出した。そしてローレンツ変換式は、慣性系の間の座標変換式であることを示したのである。特殊相対性理論はここから始まることになる。ローレンツ変換式を光速度不変の原理と相対性原理の2つの原理から求めるやり方は、付録に示すことにしよう。

　以上がローレンツ変換式誕生の経緯である。ところで、肝心の、光の正体は何か、に対する答えは何だったのであろうか。その答えは、特殊相対性理論の誕生と同じ時代に誕生した量子力学によって与えられた。結論から言うと、光は我々が知っているような意味での粒子でも波でもなく、量子と呼ばれるものである。量子は粒子のようにも振る舞うし、波のようにも振る舞うのである。しかしながらその実態は、よく分からないものである。

5.4　ローレンツ変換が存在する理由

① 場所によって時刻が異なるということ　ローレンツ変換とガリレイ変換の大きな違いの1つが、時間の変換式の中に空間座標 x が入っていることである。これは、x に応じて t' が変わることを意味する。逆に、x' が変わると t も変わる。このようなことが起こるのは、光速度が座標系によらずに一定であるからである。このことを理解するために、

次のようなことを考えよう。今、宇宙船の中心から、先端と後端の両方に向かって同時に光を発射することにしよう。宇宙船の先端と後端には鏡が置いてあって、光はそこで反射して中央部に戻ってくる。それを受光装置で検出することにする。光の発射装置、受光装置は2枚の鏡のちょうど真ん中にあるので、両端へ発射された光は同時に鏡に到達し、同時に受光部へ戻ってくる。さて、それを宇宙船の外、地球から見たとしよう。宇宙船は地球に対して飛行しており、先端が前になるように飛んでいる。宇宙船が地球の横を通り過ぎたときに、宇宙船の中で光が発射されるとしよう。宇宙船の中では、両端に向かって出た光は、同時に鏡に反射して同時に中央に戻ってくる。ところが地球から見るとそうはならない。なぜなら、宇宙船が動いているからである。地球の横を通り過ぎたときに光は発射されるが、光が鏡に到達するまでに宇宙船自身、つまり鏡も動いている。地球から見れば、後端に向かった光に対し、後端の鏡は自分から光に近づいていく。先端に向かった光にとっては、先端の鏡が逃げていくように動く。この結果、光は後端の鏡に先に到達し、その後、時間を置いてから先端の鏡に到達する。反射した後は、先端から戻った光に対し受光部が近づくし、後端から戻った光に対しては受光部が逃げる。このため、中央には光は同時に戻ることになる。このように、鏡に反射した時刻は、地球から見ると同時ではない、ということになる。

　この話で奇妙なところは、宇宙船の中では光が両端に同時に到達したという点である。地球から見て先に後端に光が到達し、その後、先端に光が届いたというのは自然な話である。これが宇宙船の中では同時だというのである。なぜ同時だと言えるのだろうか。宇宙船の中では、光の発信機から鏡までの距離が、前方、後方とも正確に同じになるように設定してある。そして、光の速さは、前方に行くのも後方に行くのも全く同じである。同じ距離を同じ速さで進むのであるから、その時間は同じでなければならない。そしてもう1つ。宇宙船から見れば、宇宙船は動いていない。宇宙船にとっては地球の方が動いているのである。宇宙船の中には、鏡への光の到達が同時でない、となるような理由は何も無いのである。この2つは、光速度不変の原理と相対性原理に対応している。この2つの原理を認めるのであれば、場所によって時刻が変わることがあってもおかしくはないのである。

　この話が出たついでに、次のような問題を考えてみよう。上記の設定で、両端の鏡の代わりに光の検出器を設置する。両端に向けて発射された光が同時に検出器に検出されれば、何も起きない。しかし、検出が同時でなかった場合、宇宙船が爆発する、という設定になっている。宇宙船の中から見れば、光は同時に検出器に到達するので何も起きないが、地球から見ると、光は同時には検出器に到達しない。そうすると、地球から見た場合、宇宙船は爆発してしまうのであろうか。見る者によって結果が違うことなどあるのだろうか。そういう疑問である。これの答はシンプルである。地球から見ても爆発などしない。これまで何度か述べてきたように、座標変換とは見方を変えるだけであり、対象物は何も変わらないのである。宇宙船から見て爆発しなければ、地球から見ても爆発などする訳がない。とは言え、地球から見て、光が検出器に到達したのは別の時刻のはずである。別の

25

時刻であるが、よく考えてほしい。それは地球にある時計での時刻である。宇宙船の中にある時計では同じ時刻なのである。宇宙船の中の時刻に基づいて同時かどうかを判断するのであるから、それは同時なのである。それからもう1つ注意すべき点がある。検出器に到達して、そこで直ちに、「同時か同時でないか」を判断するのではない。光を検出したという情報が両端からどこかに集められて、そこで初めて同時か同時でないか、が判断される。そこにはタイムラグが存在する。したがって、地球から見て違う時刻に到達したからすぐに爆発、などということはないのである。

② **時間とは何か** ローレンツ変換が存在する理由を、時間とは何か、という観点から考えてみよう。初めに断わっておくが、時間とは何かということについて、物理学の世界で万人に認められている答えがある訳ではない。ここで書くことは、筆者の個人的な考えである。とは言え、物理学を学んだ者なら普通に考えることではないかと思っている。

　時間とは何か。それは変化である。人は、物事が変化するのを見て時間が経ったと感じる。変化が無ければ、時間は流れない。しかし現実には、時間が流れないということはない。常に変化が存在する。なぜなら、光が存在するからである。光は、生まれた瞬間から光速度で移動する。決して止まることはない。光があることで、この世界には必ず運動が存在し変化が生じるのである。光にはもう1つ役割がある。それは変化の基準である。光の速さを基準として変化の速さが規定される。光の速さと比較することで、時間の流れる速さが決まるのである。逆に言うと、光の速さが一定となるように時間の方が変化しているのである。これはまさに、ローレンツ変換で起きていることに他ならない。このことから、慣性系間の座標変換がローレンツ変換になっている理由は、時間が変化であり、光速度が時間の基準になっているからだと考えられるのである。しかしこれまで、ローレンツ変換は4次元時空での座標変換だと説明してきた。それとの関係はどうなるのか。時間は4番目の次元ではないのだろうか。実は時間は次元ではない。この世界は3次元である。時間が座標系によって変化するという性質をうまく取り扱うには、空間と一緒に扱えるようにした方が都合がよい。そこで、光が進む距離を次元の1つとして扱うことにした。それがローレンツ変換という式に表されることになった。いわば、便宜上の次元として時間を使っているのである。

　時間にはもう1つ、特別な性質がある。それについても話をしておこう。それは時間が一方向にしか進まないことである。時間が単なる変化であるなら、時間が過去から未来へ流れるとはどういうことなのか、未来から過去に流れないのはなぜか、そういうことが疑問として出てくるだろう。その答えは単純で、起きやすい変化が現実に起きる、ということである。これは熱力学で言われているエントロピー増大の法則と同じことである。このことを理解するために、次のようなことを考えてみよう。今、ふたの無い箱があるとする。中に1個、玉が入っていて、箱の中を自由に動き回っているとする。玉は、エネルギーの損失がないとする。すなわち、摩擦や衝突による減速は考えない。玉は永久に箱の中を動きまわるものとする。もし箱の中の玉が止まったまま動かないとすれば、これは時

間が止まっている状態に相当する。玉が動いているということが変化であり、時間が流れているということに対応する。この玉の動きをビデオに撮り、逆再生したとしても、何ら違和感は感じないだろう。正しい方向に再生しても、あるいは逆に再生しても、全く同じような映像になっている。次に、玉の数を 100 個にしよう。100 個の玉が動いているとする。今度は玉どうしの衝突もあるだろうが、これもエネルギー損失を考えない。状況としては玉が 1 個の時と変わらない。ビデオに撮って正方向に再生しても逆方向に再生しても、どちらも同じような映像である。さて今度は、少し状況を変えてみよう。初めに、箱の真ん中に仕切りを入れて、箱の右側にだけ 100 個の玉を入れておく。この状態で玉が動きまわっている状況を考える。しばらくしてから仕切りを取り外すと、箱の右側だけにあった玉は、左側の空間にも広がっていくだろう。十分時間が経てば、玉は箱の全体に広がる。さて、これをビデオに撮って逆再生してみよう。容易に想像がつくことであるが、逆再生の映像には違和感を覚えるはずである。箱全体を動きまわっていた玉が、ある時、一斉に右側に集まりだすのである。普通ではこんなことは起こらない。もし、このビデオが正の再生か逆再生かを聞かれれば、全ての人は逆再生であると答えるであろう。それにもかかわらず、このようなことが起こらないとする法則はない。エネルギー保存則には反していないし、ニュートンの運動方程式でも、このような運動は禁止されていない。つまり、このようなことが起こったとしても不思議ではないのである。が、実際にこのようなことが起こったら不思議としか言いようがない。これはつまるところ、起こるとは考えられないような可能性の小さい現象なのである。もっと言うなら、この世界では、起こりやすいことが起こり、起こりにくいことはまず起こらないのである。もし玉の数が 10 個くらいであれば、根気よく見ていれば、偶然にも玉が右側に偏ることはあるかもしれない。しかし、この世界を作っている分子、原子の数は膨大である。例えば、18 g の水でさえ、6×10^{23} という数の水分子が含まれているのである。このため、過去に向かって進んでいるように見える変化は、まず起きないと言える。これが、時間が過去に向かっては流れない理由である。

　時間が変化であるとすると、時間旅行というものは不可能であるといえる。なぜなら、物質が存在するのは現在だけであり、過去や未来はどこにも存在しないものだからである。どこにも存在しないところへ行くことなど出来ない。ところが、まったく不可能かというと、そうでもない。未来へ行くことならば可能である。そして、その話は既に本書で書いている。それはウラシマ効果のことである。宇宙船に乗った宇宙飛行士が、300 年後の地球に帰ってくることが可能だということを前に述べた。これは、片道切符ではあるが、未来への時間旅行だということができる。

6　この先の相対性理論に向けて

　ここまでの説明で、特殊相対性理論がローレンツ変換に対して物理法則が不変であることを要請する理論であることが分かって頂けただろうか。それが分かれば、一般相対性理

論がどういうものかも分かるであろう。一般相対性理論は、ローレンツ変換だけではなく、一般的な座標変換に対して物理法則が不変であることを要請する理論である。もちろん、ローレンツ変換に対する不変性も満たしていなければならない。その上で、例えば、直交座標系から極座標系への座標変換とか、慣性系から加速度系への座標変換が扱えなければならないのである。そのためには、一般座標変換に対するベクトルの変換性を理解しなければならない。ベクトルには 2 種類あると以前書いたが、今度は、それを厳密に使い分けなければならない。反変ベクトルと共変ベクトルである。そして、反変ベクトルと共変ベクトルを関係付ける計量テンソルについても理解する必要がある。計量テンソルは、加速度系で現れる慣性力のポテンシャル関数として振る舞うことが分かっている。アインシュタインの一般相対性理論では、慣性力と重力が同じものだと仮定しているので、計量テンソルが重力ポテンシャルとなる。アインシュタインの一般相対性理論が重力理論となっているのは、このような理由による。

これまでは相対性理論に関してよく言われているような内容について説明してきたが、特殊相対性理論だけでも奥深いものがある。例えば、特殊相対性理論は電磁気学と密接に関連している。量子力学に取り入れられると、反粒子が出てきたりする。一般相対性理論も重力理論として興味深いものである。もっと詳しく相対性理論を知りたい人は、それぞれの専門書で勉強してみるといいだろう。

付録 A

A.1 式 (27) の求め方

質点に力 $\vec{F}$ を加えたとき、その質点が得るエネルギーの増加量 ΔE は、仕事の定義から、その質点が力を受けて動いた距離 $\Delta \vec{x}$ を使って、$\Delta E = \vec{F} \cdot \Delta \vec{x}$ である。これが時間 Δt の間に増加したのだとすると、$\Delta E/\Delta t = \vec{F} \cdot (\Delta \vec{x}/\Delta t)$ となるので、$\Delta t \to 0$ で $dE/dt = \vec{F} \cdot (d\vec{x}/dt)$ となる。$d\vec{x}/dt = \vec{v}$ と運動方程式 $d\vec{p}/dt = \vec{F}$ を使うと、$dE/dt = (d\vec{p}/dt) \cdot \vec{v}$ となる。

A.2 相対論的運動量の求め方

ローレンツ変換で扱うべき運動量がどのようになるのかを求める。今、ある粒子が下から右上に向かって進んでいるとする。横方向を x 軸、縦方向を y 軸とする。粒子の運動は x-y 平面上で起こるとして、運動量は x 成分と y 成分のみ考える。運動量は、本文中でも述べたように次のように書くことにする。

$$p^x = mu^x f(u), \quad p^y = mu^y f(u), \quad ここで u = \sqrt{(u^x)^2 + (u^y)^2}.$$

これを別の慣性系 S' 系から見ることにする。S' 系は、初めの慣性系（S 系）に対し、x の正の方向に速さ v で動いているものとする。この v を、ローレンツ変換前の粒子の x 方向の速さ u^x と同じにすると、ローレンツ変換後の粒子は y' 方向への動きしかしないこ

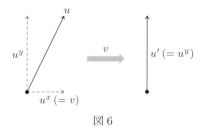

図 6

とになる（図 6 参照）。

このときの粒子の速度の y 成分 u'^y は、ローレンツ変換から次のように求められる。ローレンツ変換式は、

$$\Delta y' = \Delta y,$$
$$\Delta t' = \gamma \left(-(v/c^2) \Delta x + \Delta t \right).$$

これから、

$$u'^y = \frac{\Delta y'}{\Delta t'} = \frac{\Delta y}{\gamma \left(-(v/c^2) \Delta x + \Delta t \right)} = \frac{\Delta y/\Delta t}{\gamma \left(-(v/c^2)(\Delta x/\Delta t) + 1 \right)}$$
$$= \frac{u^y}{\gamma \left(-(v/c^2) u^x + 1 \right)}.$$

$u^x = v$ としているので、

$$u'^y = \frac{u^y}{\gamma \left(-(v^2/c^2) + 1 \right)} = \frac{u^y}{\sqrt{1 - (v/c)^2}}.$$

そうすると、ローレンツ変換後の粒子の運動量の y 成分は、次のようになる。

$$p'^y = mu'^y f(u'^y) = m \frac{u^y}{\sqrt{1 - (v/c)^2}} f\left(\frac{u^y}{\sqrt{1 - (v/c)^2}} \right).$$

運動量がベクトルとして変換するならば、x 方向へのローレンツ変換では運動量の y 成分は変化しないと考えられる。それが正しいとして、$p^y = p'^y$ を計算してみよう。

$$mu^y f\left(\sqrt{v^2 + (u^y)^2} \right) = m \frac{u^y}{\sqrt{1 - (v/c)^2}} f\left(\frac{u^y}{\sqrt{1 - (v/c)^2}} \right).$$

両辺を mu^y で割ると、

$$f\left(\sqrt{v^2 + (u^y)^2} \right) = \frac{1}{\sqrt{1 - (v/c)^2}} f\left(\frac{u^y}{\sqrt{1 - (v/c)^2}} \right).$$

この式の形は u^y が 0 であっても変わらないはずだから、$u^y = 0$ とおくと、

$$f(v) = \frac{1}{\sqrt{1-(v/c)^2}} f(0).$$

$v = 0$ で運動量はニュートン力学のかたちと同じになるから、$f(0) = 1$ である。したがって、

$$f(v) = \frac{1}{\sqrt{1-(v/c)^2}}$$

となる。これから運動量は、次のようになる。

$$p^i = \frac{mv^i}{\sqrt{1-(v/c)^2}}.$$

A.3　ローレンツ変換式の求め方

2つの慣性系が「4.2 ガリレイ変換」の①から③まで示した条件にあるとする。座標は、x と t のみを考えることにして、座標変換式を次のようにおく。

$$\begin{cases} x' = \alpha x + \beta t, \\ t' = \gamma x + \delta t. \end{cases}$$

ここで、α、β、γ、δ は、求める変換式の係数であり、v の関数である。なお、本文中の式 (14) では γ を別の意味で使っていたが、ここでの γ はそれとは別ものである。

本文でも述べたが x、t の代わりに Δx、Δt とおいてもよい。今後はこちらで考えることにする。

$$\begin{cases} \Delta x' = \alpha \, \Delta x + \beta \, \Delta t, \\ \Delta t' = \gamma \, \Delta x + \delta \, \Delta t. \end{cases}$$

最初に相対性原理に基づいて条件を設定していこう。S′系のある固定点を S 系から見ると、x 方向に速度 v で動いていることになる。S′系では固定点なので、$\Delta x' = 0$ である。これを第一式に入れて整理すると、

$0 = \alpha \Delta x + \beta \Delta t$ より、$\Delta x / \Delta t = -\beta/\alpha$ となる。$\Delta x/\Delta t$ が v なのであるから、$-\beta/\alpha = v$ となる。したがって、$\beta = -v\alpha$ である。

次に、同じように S 系の固定点を S′系から見ることにする。今度は、$\Delta x = 0$ で、$\Delta x'/\Delta t' = -v$ である。これから、$\Delta x'/\Delta t' = (\beta \Delta t)/(\delta \Delta t) = \beta/\delta = -v$ となり、$\beta = -v\delta$ となる。これと $\beta = -v\alpha$ から、$\delta = \alpha$ となる。

以上から、β と δ が α で書き表されるので、これを使ってもとの式を書き直すと、

$$\begin{cases} \Delta x' = \alpha(v) \, \Delta x - v\,\alpha(v) \, \Delta t, \\ \Delta t' = \gamma(v) \, \Delta x + \alpha(v) \, \Delta t. \end{cases} \tag{33}$$

式 (33) の係数は v の時の係数なので、それを明示して書いた。現時点で未知数は残り 2 個である。ローレンツ変換を求めるときは光速度不変の原理を使うことになるが、それ

でもさらにもう 1 つ、条件式が必要である。そこで次のことを考える。S 系から S′ 系へ座標変換した後、S′ 系に対して $-v$ で動く座標系を考えると、これは元の S 系と同じになるはずである。その座標系を S″ 系とすると、次の変換式が成り立つ。

$$\begin{cases} \Delta x'' = \alpha(-v)\,\Delta x' + v\,\alpha(-v)\,\Delta t', \\ \Delta t'' = \gamma(-v)\,\Delta x' + \alpha(-v)\,\Delta t'. \end{cases} \quad (34)$$

この時の係数は、v ではなく $-v$ の時の値になる。式 (34) に式 (33) を入れて整理する。

$$\begin{cases} \Delta x'' = \alpha(-v)\left(\alpha(v)\,\Delta x - v\,\alpha(v)\,\Delta t\right) + v\,\alpha(-v)\left(\gamma(v)\,\Delta x + \alpha(v)\,\Delta t\right), \\ \Delta t'' = \gamma(-v)\left(\alpha(v)\,\Delta x - v\,\alpha(v)\,\Delta t\right) + \alpha(-v)\left(\gamma(v)\,\Delta x + \alpha(v)\,\Delta t\right). \end{cases}$$

これから、

$$\begin{cases} \Delta x'' = \{\alpha(-v)\,\alpha(v) + v\,\alpha(-v)\,\gamma(v)\}\,\Delta x, \\ \Delta t'' = \{\gamma(-v)\,\alpha(v) + \alpha(-v)\,\gamma(v)\}\,\Delta x + \{-v\,\gamma(-v)\,\alpha(v) + \alpha(-v)\,\alpha(v)\}\,\Delta t. \end{cases}$$

これが S 系と同じになるのであるから、$\Delta x'' = \Delta x$, $\Delta t'' = \Delta t$ として、次の式が成り立つ。

$$\alpha(-v)\,\alpha(v) + v\,\alpha(-v)\,\gamma(v) = 1,$$
$$\gamma(-v)\,\alpha(v) + \alpha(-v)\,\gamma(v) = 0,$$
$$-v\,\gamma(-v)\,\alpha(v) + \alpha(-v)\,\alpha(v) = 1.$$

2 番目と 3 番目の式から 1 番目の式が出てくるので、実質、条件としては 1 番目の式だけ考えればよい。ここから γ を α で表したいのであるが、$\alpha(-v)$ と $\alpha(v)$ の関係が分からないので、このままでは使えない。そこで、次のことを考えよう。式 (33) で、v の代わりに $-v$ を入れたものを考える。S 系に対して $-v$ で動く座標系を考えるのである。これを S‴ 系とする。

$$\begin{cases} \Delta x''' = \alpha(-v)\,\Delta x + v\,\alpha(-v)\,\Delta t, \\ \Delta t''' = \gamma(-v)\,\Delta x + \alpha(-v)\,\Delta t. \end{cases} \quad (35)$$

式 (33) と式 (35) の 2 番目の式で $\Delta x = 0$ とすると (S 系の固定点での時間変化を S′ 系と S‴ 系で見ると)、$\Delta t' = \alpha(v)\,\Delta t$, $\Delta t''' = \alpha(-v)\,\Delta t$ となる。ところで、S′ 系と S‴ 系では、進む向きが逆になっているだけで他は同じ条件である。そうであれば、その時間は同じでなければならない。つまり、$\Delta t' = \Delta t'''$ とならなければならない。そこで、$\alpha(v) = \alpha(-v)$ となることが分かる。これを先ほどの 1 番目の式に入れると、次のようになる。

$$\alpha(v)^2 + v\,\alpha(v)\,\gamma(v) = 1.$$

これから γ を α で表すことができる。

$$\gamma = \frac{1 - \alpha^2}{v\alpha}.$$

v の依存性は省略してある。これを式 (33) 入れると次のようになる。
$$\begin{cases} \Delta x' = \alpha\,\Delta x - v\alpha\,\Delta t, \\ \Delta t' = \dfrac{1-\alpha^2}{v\alpha}\Delta x + \alpha\,\Delta t. \end{cases} \tag{36}$$

この式に光速度不変の原理を適用するとローレンツ変換式となるが、その前にガリレイ変換を求めておこう。式 (36) は相対性原理だけで求めたものであるから、ここからガリレイ変換も得られるのである。そのための条件は、時間が変化しないということである。つまり、$\Delta t' = \Delta t$ である。この条件を入れると $\alpha = 1$ が得られる。その結果、
$$\begin{cases} \Delta x' = \Delta x - v\,\Delta t, \\ \Delta t' = \Delta t. \end{cases}$$
となり、ガリレイ変換が得られる。

さて、ローレンツ変換を求めるための条件は、S 系で光速度であったものは S′ 系でも光速度となることである。すなわち、$\Delta x/\Delta t = c$ で、$\Delta x'/\Delta t' = c$ となることである。そうすると、
$$c = \frac{\Delta x'}{\Delta t'} = \frac{\alpha\,\Delta x - v\alpha\,\Delta t}{\frac{1-\alpha^2}{v\alpha}\Delta x + \alpha\,\Delta t} = \frac{\alpha\frac{\Delta x}{\Delta t} - v\alpha}{\frac{1-\alpha^2}{v\alpha}\frac{\Delta x}{\Delta t} + \alpha} = \frac{\alpha c - v\alpha}{\frac{1-\alpha^2}{v\alpha}c + \alpha} = \frac{c - v}{\frac{1-\alpha^2}{v\alpha^2}c + 1}.$$

これから、
$$c\left(\frac{1-\alpha^2}{v\alpha^2}c + 1\right) = c - v$$
となり、結局、$\alpha = 1/\sqrt{1-(v/c)^2}$ となる。γ は、$\gamma = -(v/c^2)\alpha$ となる。ローレンツ変換式は次の通りとなる。
$$\begin{cases} \Delta x' = \alpha\left(\Delta x - v\,\Delta t\right), \\ \Delta t' = \alpha\left(-\dfrac{v}{c^2}\Delta x + \Delta t\right). \end{cases}$$

そうたいろんにゅうもん　にゅうもん
相対論入門の入門

2018 年 8 月 12 日 初版 発行
　著　者　　嵐田 源二　(あらしだ げんじ)
　発行者　　星野 香奈　(ほしの かな)
　発行所　　同人集合 暗黒通信団　(http://ankokudan.org/d/)
　　　　　　〒277-8691 千葉県柏局私書箱 54 号 D 係
　頒　価　　300 円 / ISBN978-4-87310-160-6 C0042

乱丁・落丁は在庫がある限りお取り替えいたします。

ⒸCopyright 2018 暗黒通信団　　　　Printed in Japan